BEI GRIN MACHT SICH IHR WISSEN BEZAHLT

- Wir veröffentlichen Ihre Hausarbeit,
  Bachelor- und Masterarbeit

- Ihr eigenes eBook und Buch -
  weltweit in allen wichtigen Shops

- Verdienen Sie an jedem Verkauf

Jetzt bei www.GRIN.com hochladen
und kostenlos publizieren

GRIN ☺

Felix Rüster

Wer bist du? Authentifikation durch Biometriemerkmale

GRIN Verlag

Bibliografische Information der Deutschen Nationalbibliothek:

Die Deutsche Bibliothek verzeichnet diese Publikation in der Deutschen National-
bibliografie; detaillierte bibliografische Daten sind im Internet über http://dnb.d-
nb.de/ abrufbar.

Impressum:

Copyright © 2010 GRIN Verlag GmbH
Druck und Bindung: Books on Demand GmbH, Norderstedt Germany
ISBN: 978-3-640-96013-2

Dieses Buch bei GRIN:

http://www.grin.com/de/e-book/175123/wer-bist-du-authentifikation-durch-biome-
triemerkmale

GRIN - Your knowledge has value

Der GRIN Verlag publiziert seit 1998 wissenschaftliche Arbeiten von Studenten, Hochschullehrern und anderen Akademikern als eBook und gedrucktes Buch. Die Verlagswebsite www.grin.com ist die ideale Plattform zur Veröffentlichung von Hausarbeiten, Abschlussarbeiten, wissenschaftlichen Aufsätzen, Dissertationen und Fachbüchern.

Besuchen Sie uns im Internet:

http://www.grin.com/

http://www.facebook.com/grincom

http://www.twitter.com/grin_com

Inhaltsverzeichnis

1. Authentifizierung

1.1 Einführung und Definition

Es war einmal vor vielen tausend Jahren: Die Menschen lebten noch in Höhlen und jeder Höhlenbewohner kannte seine Höhlengenossen. Wenn ein Fremder in die Höhle wollte, wusste man gleich, dass dieser nicht dazugehörte. Doch als die Menschen erste Siedlungen und Dörfer errichteten, war die Sache schon nicht mehr so einfach, deshalb nutzten sie Losungswörter oder bestimmte Kleidungsmerkmale, wie Federn und ähnliches, um sich bei ihren Kameraden zu authentisieren. Später wurden Schlösser entwickelt, um zum Beispiel sicherzustellen, dass nur der Besitzer eines Schlüssels Zugang zu einem Gebäude oder einem Behältnis hat.

In der heutigen Zeit müssen wir uns andauernd authentifizieren; das heißt beweisen, dass wir der sind, für den wir uns ausgeben, sei es am Bankschalter mit einer EC-Karte und einer PIN, am PC mit einem Kennwort, an der Haustür mit einem Schlüssel oder auf einem Militärgelände mit unserer Iris. Diese zahlreichen Systeme und Methoden der Authentifizierung sollen im Weiteren näher betrachtet werden.

Authentifizierung[1] beschreibt die Überprüfung der *Authentizität* eines Subjekts anhand von bestimmten Eigenschaften („Credentials"), über die eine eindeutige Identifizierung möglich ist. (vgl. Eckert 2008, S. 429)

Bei dieser Überprüfung gibt es immer zwei Parteien: den Klienten, also die Person oder den Prozess (in IT-Systemen), und den Server, der die Anfrage verarbeitet und die Authentizität des Klienten bestätigt oder ablehnt.

Je nach System sind für Klient, Server und Credential verschiedene Personen und Gegenstände möglich. So ist ein Verkehrspolizist, der einen Fahrer nach seinem Führerschein fragt, nichts anderes als ein „Server", der den Klienten nach einem bestimmten Besitz fragt, um diesen als einen bestimmten, zugelassenen Autofahrer zu authentifizieren.

---

[1] Häufig auch vom englischen *authentification* mit Authentifikation beschrieben; im Deutschen sind die Begriffe synonym. Im Folgenden wird aber zum besseren Verständnis nur von Authentifizierung gesprochen.

1.2 Die drei Arten der Authentifizierung

Es gibt zahlreiche Arten von Authentifizierungssystemen und dementsprechend viele Möglichkeiten, diese zu gliedern. Am häufigsten trifft man aber auf die Unterscheidung zwischen der Authentifizierung durch Wissen („man **weiß** etwas"), durch Besitz („man **hat** etwas") und der durch Biometrie („man **ist** etwas"). Alle drei Arten haben ihre Vor- und Nachteile und sind in unterschiedlichen Situationen besser oder schlechter einsetzbar. Das nächste Kapitel gibt eine Übersicht über verschiedene Systeme und fasst abschließend deren Vor- und Nachteile zusammen.

1.2.1 Wissen

Der stattlichste der Räuber, den der Ali Baba für ihren Hauptmann hielt, näherte sich ebenfalls mit seiner Reisetasche auf der Schulter dem Felsen [...] und nachdem er sich durch einige Sträucher den Weg gebahnt, sprach er die Worte: ‚Sesam, öffne dich!' so laut und deutlich, dass Ali Baba sie hörte. Kaum hatte der Räuberhauptmann diese Worte ausgesprochen, so öffnete sich eine Tür. (Littmann, S. 134f)

Dieser Ausschnitt aus dem Märchen „Ali Baba und die 40 Räuber" zeigt die wohl älteste, aber auch heute noch am häufigsten angewandte Methode der Authentifizierung, nämlich der Authentifizierung durch Wissen – in diesem Fall durch ein Geheimnis. Im Beispiel ist der Räuberhauptmann der Klient und identifiziert sich beim Server, hier dem Felsen, durch ein Geheimnis, nämlich die Formel „Sesam öffne dich!". Hierbei fällt allerdings gleich ein gewaltiger Nachteil des von den Räubern verwendeten Systems auf. Ein Dritter kann leicht an das Geheimnis gelangen und sich so unerlaubt selber am Server authentifizieren, was Ali Baba im Märchen später dann auch tut.

Bei modernen Systemen wird die Identifikation anhand eines Geheimnisses meistens mit dem Passwortverfahren umgesetzt, allerdings mit einigen Optimierungen. Als Beispiel wird im Folgenden die Autorisierung am PC auf Windows-Systemen betrachtet.

Auch hier gibt es einen Klienten, nämlich den Benutzer, und einen Server, das Windows-Anmeldesystem. Jeder Benutzer hat einen (öffentlichen) Benutzernamen und ein (geheimes) Kennwort. Anders aber als beim Felsen, bei dem jede Person in der Nähe das

Passwort mitbekommt, wird es hier bei der Eingabe nicht angezeigt und kann so nur von sogenannten *Keyloggern*[2] abgefangen werden.

Ein Problem der Wissensauthentifizierung besteht darin, dass das Geheimnis, also das Passwort, lokal gespeichert werden muss, ohne dass nicht autorisierte Subjekte darauf Zugriff haben, während die Passwortüberprüfung reibungslos ablaufen soll. Dafür wird das Passwort meistens durch eine Einwegfunktion (z.B. MD5) verschlüsselt und zusammen mit dem Benutzernamen gespeichert. Sei k also das Passwort im Klartext und f eine Einwegfunktion, ist das verschlüsselte Passwort $c = f(k)$. Da f nicht umkehrbar ist, ist die einzige Möglichkeit, das Passwort zu knacken, so lange Werte v in f einzusetzen, bis gilt: $f(v) = c$ und das System den Benutzer als authentisch freigibt.

Durch immer größere Rechnerleistungen werden diese „Brute-Force-Attacken" (Schröder 2010) aber immer schneller und deshalb sollte sich jeder Benutzer in seinem eigenen Interesse lange Passwörter mit mehreren Sonderzeichen anlegen, da immer noch die Mehrheit aller Benutzer ein zu leicht zu knackendes Kennwort hat (vgl. Eckert 2008, S. 434f.).

1.2.2 Besitz

Vor allem für vergessliche Benutzer ist die Authentifizierung durch Besitz deutlich komfortabler. Man schiebt seinen Schlüssel ins Schloss, man zieht seine Karte durch ein Gerät oder man trägt einen Chip unter der Haut und schon ist die Identität bewiesen. Auch hier gibt es wieder das Server-Klient-Verhältnis. Der Server ist, je nach dem ob das System mechanisch oder elektronisch arbeitet, ein Schloss oder ein Gerät, zum Beispiel ein Kartenlesegerät an der Kasse. Ist der *Besitz* des Klienten, also der Schlüssel oder die Karte, authentisch, schnappt das Schloss auf, bzw. das elektronische System erteilt eine Freigabe.

Der Vorteil des Besitzes gegenüber dem Wissen liegt zum einen im höheren Komfort, da sich der Benutzer kein Passwort merken muss, zum anderen können die Daten auf einer Chipkarte durch einen Brute-Force-Angriff praktisch nicht erraten werden. Bei Chipkar-

---

[2] Viren, die die Tastatureingaben des Benutzers abfangen

ten gibt es außer den „Speicher-Chipkarten", die nur einen Speicher enthalten, auf dem beispielsweise ein Schlüsselcode gespeichert wird, auch „intelligente Chipkarten", die einen eigenen kleinen Prozessor eingebaut haben und so durch kryptographische Funktionen die Sicherheit beträchtlich steigern können (vgl. Eppele).

Die Nachteile liegen jedoch ebenfalls auf der Hand. Wem ist es noch nicht passiert, die Schlüssel sind nicht mehr auffindbar, die EC-Karte wird gestohlen und man hat das Nachsehen.

1.2.3 Biometrie

Wer immer wieder seine Passwörter vergisst, seine Schlüssel verliert oder hohe Sicherheit ohne Einbußen beim Komfort möchte, für den sind biometrische Systeme eine gute Alternative zu den klassischen Methoden.

Die Vor- und Nachteile der biometrischen Authentifizierung werden später genau erläutert. An dieser Stelle kann bereits gesagt werden, dass sie gegenüber den beiden oben besprochenen Methoden den Vorteil hat, dass die Merkmale nicht vergessen werden oder verloren gehen können und die biometrischen Merkmale meist eine höhere Sicherheit bieten, ohne dass im Idealfall der Anwendungskomfort beeinträchtigt wird.

1.2.4 Kombination

Höchste Sicherheit bei der Authentifizierung bieten Systeme, die zwei oder drei verschiedene Arten miteinander kombinieren. In Mittel- und Hochsicherheitsbereichen muss man sich mittlerweile nahezu überall auf mindestens zwei Arten authentifizieren, beispielsweise an einem Tresor mit einem Schlüssel und einem Zahlencode.

Die Kombination von Wissen und Besitz wird im Folgenden am Beispiel der EC-Karte gezeigt. Der Klient kauft etwas ein und steckt zur Bezahlung seine Karte in ein EC-Kartenlesegerät, das den Server darstellt, er authentifiziert sich also mit einem Besitz. Das Gerät verlangt nun eine PIN von ihm, der, je nach System, von der EC-Karte (bei einer „intelligenten Chipkarte") oder per Online- oder Telefonverbindung überprüft wird. Ist die PIN richtig, das Konto gedeckt und die Karte nicht gesperrt, wird die Zahlung durchgeführt.

Solange der Benutzer also seine PIN nicht auf die Karte schreibt oder sonst grob fahrlässig damit umgeht, ist es einem Angreifer nicht möglich, nur mit einem System, das heißt nur mit der PIN oder nur mit der Karte, auf das Konto des Benutzers zuzugreifen.

2. Biometrische Authentifizierung

Die Authentifizierung anhand biometrischer Eigenschaften (*griechisch* βίος = Leben, μέτρον = Maß) ist die neuartigste Methode zur Überprüfung der Authentizität und diejenige, der momentan das höchste Potenzial zugeschrieben wird. Wie der Name schon sagt, wird hierbei nicht auf etwas Künstliches, wie einen Schlüssel oder ein Wort, zurückgegriffen, sondern auf etwas „Lebendiges", sprich eine bestimmte Eigenschaft am Körper des Subjekts. Die Vorteile liegen auf der Hand: Man führt die Credentials immer bei sich, ein Dritter kann sich diese im Idealfall nicht aneignen (siehe dazu aber auch 2.3.2 Sicherheit). Außerdem ist die Fälschungssicherheit biometrischer Systeme in der Regel den herkömmlichen Methoden deutlich überlegen.

2.1 Allgemeines zu biometrischen Authentifizierungssystemen

2.1.1 Anforderungen an ein biometrisches Merkmal und dessen technische Erfassung

Es gibt eine Fülle von Authentifizierungsmethoden mittels unterschiedlicher biometrischer Merkmale, und alle haben bestimmte Eigenschaften, Vor- und Nachteile. Damit sie alltagstauglich sind, müssen diese Merkmale jedoch eine Reihe von Kriterien erfüllen, wie Michael Behrens (2001) auf Seite 11 erläutert:

- **Universalität**: Jede Person verfügt über dieses Merkmal.
- **Eindeutigkeit**: Das Merkmal unterscheidet sich bei jeder Person.
- **Konstanz**: Ein Merkmal verändert sich mit der Zeit nicht.
- **Messbarkeit**: Ein Merkmal kann (elektronisch) erfasst werden.

Wenn dann ein passendes Merkmal gefunden ist, mit welchem die Authentifizierung durchgeführt werden soll, gibt es auch an das System, welches die Daten erfasst und verarbeitet, gewisse Voraussetzungen, die Michael Behrens (2001) auf Seite 12 wie folgt definiert:

- **Anwenderfreundlichkeit & Zumutbarkeit:** Es darf nicht kompliziert sein, das Merkmal zu erfassen und es muss den jeweiligen Personen zumutbar sein, dieses Merkmal an sich messen zu lassen.

- **Verlässlichkeit:** Das System muss so abgesichert sein, dass es nicht überlistet werden kann; allerdings darf es dabei berechtigte Personen nicht fälschlicherweise ablehnen.

- **Wirtschaftliche Machbarkeit:** Die Kosten dürfen einen akzeptablen Rahmen nicht sprengen.

2.1.2 Fehlerrate

Wenn ein Benutzer an einem PC ein Kennwort eingibt, ist dieses entweder richtig oder falsch. Wenn er an einem Geldautomaten seine Bankkarte einführt, ist diese entweder gültig oder ungültig. So ergibt sich bei der Identifikation kein Problem. Entweder der Benutzer wird als gültig authentifiziert oder er wird abgelehnt. Bei biometrischen Merkmalen ist das anders. Das Abbild eines Fingerabdruckes beispielsweise sieht bei verschiedenen Messungen immer ein wenig anders aus, abhängig von Temperatur, Schmutz, Verletzungen usw. Deshalb ist es nötig, eine **Toleranzschwelle** anzusetzen, um die Verlässlichkeit des Systems, wie bereits in 2.1 beschrieben, zu gewährleisten.

Um die Toleranzschwelle bestmöglich festzulegen, muss man sich entscheiden, inwieweit man **Sicherheit** oder **Komfort** in den Vordergrund stellen will. Mit niedriger Toleranzschwelle steigt zwar die Sicherheit eines Systems, aber auch die Zahl der Personen, die fälschlicherweise abgelehnt werden. Diese Zahl nennt man **Falschabweisungsrate** bzw. **False Rejection Rate (FRR)**. Gleichzeitig sinkt die Zahl der Personen, die fälschlicherweise autorisiert werden; diese Zahl heißt **Falschakzeptanzrate** bzw. **False Acceptance Rate (FAR)**. Der Punkt, an dem FRR und FAR gleich sind, heißt **Gleichfehlerrate** bzw. **Equal Error Rate (EAR)** (vgl. Eckert 2008, S. 479f.).

Der Zusammenhang zwischen Sicherheit und Fehlerrate lässt sich gut in diesem Diagramm veranschaulichen:

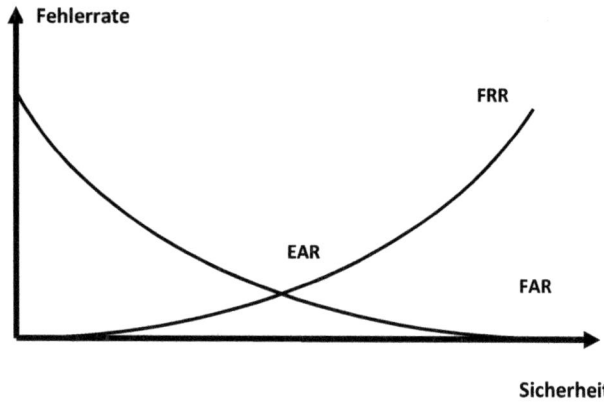

Abbildung 1: Verhältnis Fehlerrate-Sicherheit, nach Eckert 2008, S. 480

Wenn die Toleranzschwelle niedrig angelegt wird, erhöht sich der Komfort, da es zu weniger Falschabweisungen kommt, aber auch zu mehr Falschautorisierungen, worunter die Sicherheit leidet. Wird sie hoch angelegt, steigt die Sicherheit, allerdings werden auch öfter berechtigte Personen abgewiesen, was den Komfort mindert. Deshalb sollte diese Schwelle je nach Bedarf bestimmt werden – für den Heimbereich ist eine höhere Falschakzeptanzrate zugunsten des Komforts verkraftbar, während diese in Hochsicherheitsbereichen, wie Banken oder Militärbereichen, so gering wie möglich gehalten werden sollte.

2.1.3 Datenspeicherung

Hat man sich schließlich für ein biometrisches Authentifizierungssystem entschieden, muss dieses, bevor es benutzt werden kann, in dem sogenannten „Enrollment-Prozess" (M. Behrens 2001, S. 15) mit Daten „gefüttert" werden. Das bedeutet, dass alle Personen, denen später Zugriff bzw. Zutritt gewährt werden soll, vom System ihr Merkmal erfassen lassen, damit später ein Referenzwert vorhanden ist, mit dem ein dann erfasster Wert verglichen wird.

Nun gibt es zwei Möglichkeiten, diese Daten zu speichern: entweder **zentral** auf einem Server oder **dezentral** auf einer Chipkarte. Die dezentrale Speicherung hat den Vorteil, dass sie mit der Authentifizierung durch Besitz (siehe dazu 1.2.2) zusätzlich Sicherheit bietet, wobei die Gefahr des Verlusts natürlich eine Rolle spielt und der Komfort ohne Karte etwas höher ist. Ein weiterer Vorteil der Chipkarte ist allerdings, dass bei einer Authentifizierung ein **1:1-Vergleich** durchgeführt wird, im Gegensatz zu einem **1:n-Vergleich** bei der zentralen Variante. Das bedeutet, dass der Server die erfassten Merkmale nur mit den auf der Karte gespeicherten Werten vergleichen muss, anstatt mit allen in der zentralen Datenbank gespeicherten Daten. Dadurch sinkt neben der Bearbeitungszeit die **FAR** (vgl. 2.1.2), weil es viel weniger Datensätze gibt, die zufällig den erfassten Daten ähnlich sein könnten (vgl. M. Behrens 2001, S. 17f).

2.1.4 Konstanz der Merkmale als Problem

Bei den Erläuterungen der Anforderungen an ein biometrisches System wurde die Konstanz eines biometrischen Merkmals als wichtiges Kriterium für ein Authentifizierungssystem angeführt. Allerdings kann diese Unveränderlichkeit auch zum Problem werden. Wird das Passwort eines Benutzers bekannt, kann er sich ein neues einrichten; verliert eine Person ihre EC-Karte, kann sie eine neue beantragen. Gelingt es aber beispielsweise einem Angreifer, einen plastischen Nachbau eines Fingerabdrucks zu erstellen, so kann der Benutzer nicht einfach einen neuen Finger bestellen. Lösungsmöglichkeiten wären zum Beispiel, dass es das System zulässt, einen anderen Finger zu registrieren, was aber nicht immer möglich ist. Dies bedeutet dann, dass das Authentifizierungssystem für den Benutzer im Grunde nicht mehr zu gebrauchen ist, genau wie alle anderen Systeme, die auf diesem Merkmal beruhen.

2.1.5 Lebenderkennung

In Dan Browns Bestseller *Illuminati* verschaffen sich Eindringlinge Zutritt zu dem Labor mit der Antimaterie, indem sie dem Professor ein Auge herausschneiden und es an den

Irisscanner halten (vgl. Brown 2003, S. 93ff). In der Realität ist das zwar nicht möglich, da die „Iriden [...] schon wenige Minuten nach dem Tod zu zerfallen [beginnen]" (Wolf, S. 24), doch in Hochsicherheitsbereichen zumindest sollte das Authentifizierungssystem dennoch überprüfen, ob das gescannte Merkmal noch lebt. Dies ist zum Beispiel bei Fingerabdruckscannern mit einem Pulsmesser oder einem Wärmesensor realisierbar (vgl. Nauen 2007, S.11).

2.2 Verschiedene biometrische Authentifizierungsmethoden im Vergleich

Die Fülle an biometrischen Merkmalen ist immens und daher auch die Fülle an Methoden der biometrischen Authentifizierungssysteme. Im Folgenden soll aber nur auf drei verschiedene Methoden eingegangen werden, die Iriserkennung, die Gesichtserkennung und die Fingerabdruckerkennung, wobei nur letztere im Detail betrachtet wird.

2.2.1 Iriserkennung

Wer sich an einem Sicherungssystem mit seinem Auge authentifizieren möchte, hat zwei Möglichkeiten: Mit seiner Regenbogenhaut (Iris) oder der Netzhaut (Retina).

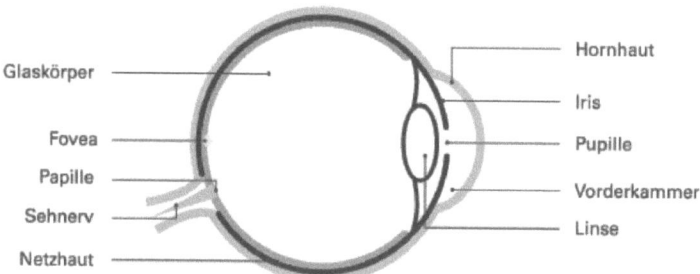

Abbildung 2: Der Aufbau des Auges

Das Prinzip der Retinaerkennung besteht darin, dass das Blutadermuster auf der Netzhaut gescannt wird. Dieses Muster ist bei jeder Person, auch eineiigen Zwillingen, verschieden und ändert sich nicht durch Alter oder Krankheit. Deshalb zählt die Retinaerkennung zu einem der sichersten biometrischen Verfahren (vgl. Applied Biometrics GmbH). In diesem Kapitel soll aber nur die Iriserkennung näher betrachtet werden.

Die Iris (Plural: Iriden), auch Regenbogenhaut genannt, liegt vorne auf dem Augapfel (siehe Abbildung 2[3]) und hat in der Mitte ein Loch, die Pupille. Indem sich die Iris zusammenzieht oder ausdehnt, reguliert sie den Lichteinfall in das Auge wie eine Blende bei einem Fotoapparat. Das Muster auf der Iris wird vom dritten bis zum achten Schwangerschaftsmonat ausgebildet und besteht aus „feine[n] Erhöhungen, Furchen, Flecken, Ringe[n], Corona usw., man kann mehr als 400 individuell verschiedene Merkmale unterscheiden" (Filatova und Keller 2004, S. 4). Da dieses Muster nicht erblich weitergegeben wird, sondern in einem biologischen Zufallsprozess entsteht, ist dieses Muster nicht nur bei jeder Person unterschiedlich, sondern es unterscheiden sich auch die Iriden des linken und des rechten Auges derselben Person (vgl. Filatova und Keller 2004, S. 5).

Die meisten irisbasierten Authentifizierungssysteme nutzen den Algorithmus von John Daugman von der University of Cambridge. Diesen Algorithmus komplett zu behandeln, würde den Rahmen dieser Arbeit sprengen; Filatova und Keller (2004) fassen ihn in vier Schritte zusammen:

1. Bildaufnahme eines Auges
2. Extraktion der Iris aus dem Bild
3. Umwandlung des Musters in eine digitale Form (2048 Bit lang, Codierung)
4. Bitweiser Vergleich der aufgenommenen Iris mit einem vorhandenen Code

Aktuell werden Irisscanner in einigen privaten sowie militärischen Institutionen eingesetzt. Ein Beispiel dafür sind die Flug- und Seehäfen der Vereinigten Arabischen Emirate, in denen sich jeder Einreisende einer Iriserkennung unterziehen muss. Die gescannten Iriden werden „mit den 355.000 Einträgen aus einer ‚Schwarzen Liste' verglichen, was sich auf 2.3 Milliarden Vergleiche pro Tag beläuft" (vgl. Filatova und Keller 2004, S. 17).

Auf anderen Flughäfen, z.B. in Frankfurt, können Vielflieger mit einem Iris-Scan die herkömmliche Grenzkontrolle ersetzen. (vgl. Lindau 2006)

---

[3] Quelle: http://www.findl.at/de.content_das_auge_18.html

2.2.2 Gesichtserkennung

Während die Technik von Iris- und Fingerabdruckerkennung mittlerweile ziemlich ausgereift ist, ist die Gesichtserkennung ein Gebiet, auf dem noch intensiv geforscht wird. Wie bei allen anderen biometrischen Authentifizierungsmethoden werden auch hier bestimmte, eindeutige Merkmale des Subjekts erfasst. Als Merkmale dienen geometrische Eigenschaften des Gesichts, wie z.b. Abstand von Augen, Nase und Mund zueinander, relative Position im Gesicht etc. (vgl. D. Behrens 2007).

Die Falschakzeptanzrate bei der Gesichtserkennung ist dabei immer noch sehr hoch, nämlich bei 0,5% bis 2% - zum Vergleich: bei der Iriserkennung liegt sie bei 0,0001% bis 1% (vgl. D. Behrens 2007). Außerdem lassen sich die Systeme noch zu leicht überlisten, teils sogar mit einem Foto der registrierten Person. Deshalb forscht momentan das Fraunhofer Institut für Integrierte Schaltungen an Systemen, die mit einer 3D-Technik arbeiten und so zuverlässiger mehr Merkmale scannen können und weniger anfällig gegen Lichtbedingungen und Veränderungen der Person wie Bartwuchs sein sollen. Problem hierbei sind die hohen technischen Vorraussetzungen für die Erfassung, da Laser-Scanner oder Streifenlicht-Projektoren benötigt werden. (vgl. Zinkand 2008) Außerdem sind die aktuellen Gesichtserkennungssyteme auf 3D-Basis den 2D-Systemen noch unterlegen (vgl. Phillips und andere 2007, S. 15).

Aufgrund der genannten Probleme werden Gesichtserkennungssysteme momentan fast nur in Niedrigsicherheitsbereichen eingesetzt. Mit der Software X-Login vom Hersteller Pixel Reality[4] beispielsweise ist es möglich, sich mittels seines Gesichts, das von einer Webcam erfasst wird, an seinem PC einzuloggen. Außerdem werden in einem Pilotprojekt der Stadt Rotterdam seit Oktober 2010 Gesichtsscanner genutzt, um auf einer Bahnlinie Hausverbote besser durchzusetzen (vgl. Schahidi 2010).

---

[4] Download: http://www.zdnet.de/sicherheit_mit_windows_herstellen_x_login_download-39002345-53106-1.htm

13

2.3 Authentifizierungsmethode im Detail: Fingerabdruck

1897 war ein schweres Jahr für das Verbrechertum. Denn in diesem Jahr wurde in Kalkutta, Indien, das erste Büro für Fingerabdrücke eröffnet, da damals bereits die Idee aufkam, die Fingerabdrücke von Verbrechern zu sammeln, um ihnen spätere Straftaten wieder nachzuweisen (vgl. Sodhi 2005). Dass der Fingerabdruck eines Menschen etwas Einzigartiges ist, ist allerdings schon viel länger bekannt: Funde bestätigen, dass bereits im alten Babylon Geschäfte mit einem Fingerabdruck auf Tonplatten besiegelt wurden (vgl. German 2010).

Die elektronische Verwendung von Fingerabdrücken (Fachausdruck: Daktylogrammen) für nicht-forensische Zwecke ist hingegen relativ neuartig. Die Fingerabdruckerkennung zur Authentifizierung (daktyloskopischer Identitätsnachweis) wird seit wenigen Jahrzehnten genutzt; zunächst in militärischen oder industriellen Hochsicherheitssystemen, seit ca. 20 Jahren auch im Privatbereich. Somit ist die Daktyloskopie das erste elektronische System zum biometrischen Identitätsnachweis gewesen (vgl. Maltoni 2009, S. 2).

2.3.1 Funktionsweise und technische Umsetzung

Der persönliche Fingerabdruck entsteht, ähnlich wie das Muster der Iris (vgl. Kapitel 2.2.1 Iriserkennung), während der ersten Schwangerschaftsmonate in einem biologischen Zufallsprozess und ist damit nicht genetisch festgelegt. Eineiige Zwillinge haben also, entgegen hartnäckiger Gerüchte, verschiedene Fingerabdrücke.

Die Rillen im Abdruck nennt man Papillarleisten (siehe Abbildung 3[5]). Das Charakteristische an diesen Leisten sind die Minutien, die verschiedenen Endungen, Verzweigungen etc. der Papillarleisten. Es gibt verschiedene Arten von Minu-

Abbildung 3: Minutien in den Papillarleisten

---

[5] Quelle: http://commons.wikimedia.org/wiki/File:Fingerprint_picture.svg

tien, z.B. Endungen (1), Verzweigungen (2), Inseln (3) u.v.m. (vgl. Breden und Schröder 2003, S.23).

Es gibt viele verschiedene Methoden, wie ein Lesegerät einen Finger scannen kann.

Allen ist zu eigen, dass sie an den verschiedenen Stellen des Fingers messen, ob dort Luft oder Haut anliegt, und daraus ein Bild der Papillarleisten erstellen. Eine Methode nutzt beispielsweise die verschiedenen elektrischen Permittivitäten von Haut (die zum größten Teil aus Wasser besteht) und Luft. Dabei wird für jeden Pixel eine Elektrode genutzt, die die Kapazität

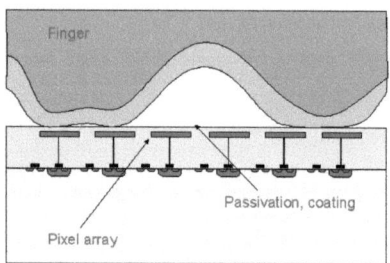

Abbildung 4: Kapazitiver Sensor

zur Nachbarelektrode misst (siehe Abbildung 4[6]). Da die Kapazität von der Permittivität abhängt und Luft eine Permittivität von ca. 1 $\frac{As}{Vm}$ hat, während die von Wasser ca. 77 $\frac{As}{Vm}$ beträgt, kann so klar festgestellt werden, ob sich an diesem Bildpunkt eine Rille befindet. Wird dieser Vorgang zweidimensional für den ganzen Fingerabdruck durchgeführt, kann so aus den Messwerten ein Bild der Papillarleisten erstellt werden (vgl. Bromba 2005).

Dieses Bild muss nun zunächst in eine elektronisch verwertbare Form gebracht werden. Dazu wird das Rohbild ggf. kontrastoptimiert[7] und auf Unregelmäßigkeiten, z.B. durch Schmutz auf Finger oder Sensor, überprüft. Ist das Bild weiter verwertbar, wird es binarisiert: Das bedeutet, jedem Bildpunkt wird entweder eine 0 (weiß) oder eine 1 (schwarz) zugeordnet. In diesem Bild werden die Linien so ausgedünnt, dass sie im Idealfall nur noch jeweils einen Pixel breit sind. Dadurch wird eine möglichst einfache elektronische Weiterverarbeitung der Daten ermöglicht. Im Anschluss muss das System dieses Bild zu einem speicherbaren Datensatz verarbeiten, der später verglichen werden kann. Dazu sucht sich die EDV charakteristische Minutien und speichert deren Typ (z.B: Verzweigung oder Ende) und die relative Position zu den anderen Minutien. Dieser Da-

---

[6] Quelle: http://www.bromba.com/knowhow/ftip.png

[7] Dies ist nur nötig, wenn das System mit einem Lichtbild arbeitet; für die oben beschriebene Kapazitätsmethode ist eine Kontrastoptimierung irrelevant.

tensatz kann nun im Enrollmentprozess gespeichert werden bzw. mit dem gespeicherten Wert verglichen werden (vgl. Bromba 2005).

Dieser Vergleich ist die eigentliche Schwierigkeit des Prozesses. Um das Problem besser vor Augen zu führen, stelle man sich einmal Folgendes vor: Man schießt an zwei unterschiedlichen Tagen ein Foto vom Sternenhimmel. Würde man nun Bildpunkt für Bildpunkt beide Bilder vergleichen, hätten sie keinerlei Ähnlichkeit miteinander, obgleich sie denselben Sternenhimmel zeigen, nämlich, weil wir aufgrund der Erdrotation an einem anderen Tag die Sterne etwas verschoben und gedreht sehen. Sucht man sich aber charakteristische Stellen auf den Fotos aus, z.B. die Sternenbilder, markiert diese auf beiden Fotos und dreht diese entsprechend, werden die markierten Stellen auf beiden Fotos das gleiche Bild ergeben. So ähnlich funktionieren die Prozesse, die zwei Fingerabdruckbilder miteinander vergleichen. Nur gibt es hier keine Sterne, sondern Papillarleisten und keine Sternbilder, sondern Minutien.

2.3.2 Sicherheit

Der daktyloskopische Identitätsnachweis ist mit einer Falschakzeptanzrate von bis zu 10^{-4}% (D. Behrens 2007) zwar auf den ersten Blick immer noch eines der sichersten biometrischen Verfahren, allerdings birgt es große Sicherheitsprobleme, die mit dieser Zahl nicht ausgedrückt werden. Eine Falschakzeptanzrate von 10^{-4}% bedeutet, dass, wenn sich 10^6 „falsche Finger" scannen lassen, stochastisch gesehen einer davon als authentisch identifiziert wird. Was ist aber, wenn ein System zwischen einem „falschen" Finger und einem „echten" Finger nicht unterscheiden kann? Der Chaos Computer Club (CCC) zeigt in einem Video[8], wie sich jeder Mensch in kürzester Zeit mit minimalem Aufwand aus einem Fingerabdruck der Zielperson, den man z.B. auf einem Glas findet, eine Schicht herstellen kann, mit der er sich an einem Gerät, an dem die Zielperson registriert ist, authentifizieren kann. Dazu wird der Fingerabdruck fotografiert und mit einem PC auf die richtige Größe auf Folie ausgedruckt. Auf den Ausdruck wird ein dünne Schicht Leim aufgetragen und, wenn sie getrocknet ist, abgezogen. Da die Druckerschwärze auf der Folie bleibt, hinterlässt sie das Bild der Papillaren auf der Leimschicht. Diese Schicht

---

[8] Siehe http://www.youtube.com/watch?v=OPtzRQNHzl0

16

kann man sich nun mit einem hautfreundlichen Kleber auf den Finger kleben und schon hat man den Fingerabdruck der Zielperson, mit dem man sich nun authentifizieren kann.

Dieser Versuch zeigt, dass die Authentifizierung mit dem Fingerabdruck zwar sehr komfortabel und für den Privatgebrauch relativ sicher ist; für einen professionellen Angreifer aber stellt dieses System kein großes Hindernis dar. Deshalb sollte man in Hochsicherheitsbereichen von fingerabdruckbasierten Systemen absehen und lieber Irisscanner, im Idealfall kombiniert mit Wissen (siehe 1.2.1 Wissen) oder einem Besitz (siehe 1.2.2 Besitz) verwenden, da das Fälschen eines Irisbildes schier unmöglich ist.

3. Ausblick auf die Zukunft: DNS-Scanner

Eine neue Authentifizierungsmethode, die sich momentan noch in der Forschung befindet und als künftiger Meilenstein in der Geschichte der Biometrie gilt, ist die DNS-Erkennung. Die Desoxyribonukleinsäure befindet sich in jeder einzelnen Zelle des menschlichen Körpers und beinhaltet das gesamte Erbgut des Menschen. Da dieses bei jedem Menschen anders ist, jeder Mensch dieses besitzt, es sich im Laufe des Lebens nicht verändert und es auch künstlich nicht verändert werden kann, ist es das ideale Merkmal für die biometrische Identifikation. Es muss also nur noch an einem geeigneten Scanner geforscht werden, der komfortabel und ohne großen Zeitaufwand die DNS eines Menschen auslesen kann und sich dabei nicht überlisten lässt.

Hier zeigt sich, dass der technische Fortschritt immer neuere Systeme zur Authentifizierung verlangt, da durch schnellere Computer, bessere Technik und neue Materialien herkömmliche Methoden leichter zu überlisten sein werden, während das Sicherheitsbedürfnis vor allem im privaten Bereich ständig steigt. Der Höhlenmensch hat sich wohl kaum Gedanken gemacht, wie er seine Höhle am sichersten abschließen kann, und ebenso käme es uns heute noch übertrieben vor, den Zugang zu unserem Haus oder das Starten unseres Autos mit einem Irisabgleich zu bestätigen. Doch in zehn bis zwanzig Jahren sieht die Situation vielleicht ganz anders aus und die heute zur Garantie absoluter Sicherheit eingesetzte Iriserkennung ist dann überholt.

Ich hoffe, diese Arbeit konnte einen angemessenen Überblick über das Fachgebiet der Authentifizierung, insbesondere der Biometrie, geben und die Problematiken und Funktionsweisen der Systeme zeigen. Natürlich reicht ihr Umfang nicht aus, eine komplette Abhandlung über das Thema zu geben – sie soll lediglich das Interesse für die verschiedenen Teilbereiche wecken und den Leser dazu einladen, sich bei weiterem Informationsbedarf an den unten genannten Quellen zu bedienen.

Literaturverzeichnis

Behrens, Michael. *Biometrische Identifikation: Grundlagen, Verfahren, Perspektiven.* Wiesbaden, 2001.

Brown, Dan. *Illuminati.* Bergisch Gladbach: Lübbe, 2003.

Eckert, Claudia. *IT Sicherheit.* München, 2008.

Flach, Jendrik. *Chancen und Risiken der Stimmerkennung im Vergleich mit anderen biometrischen Authentifizierungsverfahren.* GRIN, 2009.

Sodhi, G. S. und Kaur, Jasjeet. „The forgotten Indian pioneers of fingerprint science." erschienen in *Current Science Vol. 88,* 10. Januar 2005.

Littmann, Enno. *Die Erzählungen aus den Tausendundein Nächten. Vollständige deutsche Ausgabe in sechs Bänden. Nach dem arabischen Urtext der Calcuttaer Ausgabe aus dem Jahr 1839.* Komet.

Maltoni, Davide. *Handbook of fingerprint recognition.* London, 2009.

Nauen, Michael. *Biometrische Identifikations- und Sicherungssysteme.* München, 2007.

Internetquellenverzeichnis

Applied Biometrics GmbH. *Retinaerkennung.* http://www.applied-biometrics.com/german/technologie/retinaerkennung.html (Zugriff am 20. 06. 2010).

Behrens, Daniel. *Denkende Computer : Intelligente Software.* 05. 12 2007. http://www.pcwelt.de/start/software_os/wissen_lernen/praxis/139136/intelligente_software/index8.html (Zugriff am 23. 08. 2010).

Breden, Nils und Schröder, Benjamin. *Biometrie - ein Überblick.* 21. 11 2003. http://www.informatik.uni-bremen.de/agbkb/lehre/espresso/files/referate/biometrie.pdf (Zugriff am 20. 10. 2010).

Bromba, Dr. Manfred. *Fingerabdruckerkennung.* 23. 07 2005. http://www.bromba.com/knowhow/fingerprint.htm (Zugriff am 23. 10. 2010).

Eppele, Klaus. *Chipkarten.* http://www.improve-mtc.de/Veroffentlichungen/Chipkarten/chipkarten.html (Zugriff am 12. 07. 2010).

Filatova, Elena und Keller, Roman. *IRISERKENNUNG: Vortrag von Elena Filatova und Roman Keller zum Seminar „Biometrische Identifikationsverfahren".* 2004. http://www2.informatik.hu-berlin.de/Forschung_Lehre/algorithmenII/Lehre/SS2004/Biometrie/03Iris/iris.pdf (Zugriff am 20. 06. 2010).

German, Ed. *The History of Fingerprints.* 15. 9 2010. http://onin.com/fp/fphistory.html (Zugriff am 20. 10. 2010).

IT Wissen. *Gesichtserkennung.* http://www.itwissen.info/definition/lexikon/Gesichtserkennung-computational-face-recognition.html (Zugriff am 22. 06. 2010).

Lindau, Edmund E. *Iris-Scan für automatisierte Grenzkontrolle in Frankfurt/Main.* 2006. http://www.computerwelt.at/detailArticle.asp?a=106865&n=2 (Zugriff am 20. 06. 2010).

Phillips, P. Jonathon und andere. *FRVT 2006 and ICE 2006.* 2007. http://www.frvt.org/FRVT2006/docs/FRVT2006andICE2006LargeScaleReport.pdf (Zugriff am 25. 09. 2010).

Schahidi, André. *Gesichts-Scanner in Rotterdamer Straßenbahn.* 2010. http://nachrichten.rp-online.de/politik/gesichts-scanner-in-rotterdamer-strassenbahn-1.97734 (Zugriff am 25. 09. 2010).

Schröder, Heiko. *Zusammenhang von Brute-Force-Attacken und Passwortlängen.* 2010. http://www.1pw.de/brute-force.html (Zugriff am 29. 03. 2010).

Wolf, Dr. Andreas. *Angewandte Biometrie, Modul 10, Iriserkennung.* http://www.minet.uni-jena.de/dbis/lehre/ss2010/wolf/FSU-Biometrie-Modul-10.pdf (Zugriff am 20. 06. 2010).

Zinkand, Frank. *Authentifizierung und Identifikation durch 3D-Gesichtserkennung .* 2008. http://www.searchsecurity.de/themenbereiche/identity-und-access-management/biometrie/articles/66976/ (Zugriff am 25.09.2010).